AF339629

LETTRE

*DE M. ***.*

A UN DE SES AMIS

RETIRÉ DANS UNE TERRE.

LETTRE

DE M. ***.

A un de ses amis retiré dans une Terre.

VOUS m'avez prié instamment, Monsieur, de vous mander ce qui paroît ici de nouveau sur les beaux Arts, tant en Ouvrages imprimés qu'en Edifices publics. Vos lumieres sur l'Architecture & votre zéle pour les embellissemens de Paris, qui ont fait si long-tems le sujet de vos occupations, vous ont suivi dans la retraite ; & si je garde pendant des tems considérables le silence à cet égard, c'est qu'il est peu d'édifices nouveaux qui méritent votre attention, soit à cause de leur médiocrité, soit par les défauts & les irrégularités de leur construction.

Voici cependant le projet d'un Edifice dont je vais vous faire part, & je crois

que vous m'en sçaurez gré, puisqu'il re-
garde l'honneur & la décoration de l'Eglise
de S. Eustache votre ancienne Paroisse.

Les Administrateurs de sa Fabrique, ex-
cités par leur propre zéle, & animés par
celui de leur respectable Pasteur, ont enfin résolu d'y élever un Portail convenable
à la sainteté du lieu, & à la décence de
sa principale entrée. Vous sçavez que cette
Paroisse est une des plus étendües de Paris,
& que celle de Saint Sulpice est la seule
qui lui soit comparable à cet égard. Vous
n'ignorez pas non plus que l'Eglise de S.
Eustache est un bâtiment dont l'Arkitectu-
re est de très-mauvais goût, par le mélan-
ge bisarre & grossier des ornemens gothi-
ques, avec quelques parties de la bonne
Architecture toutes hors de leurs positions
& de leurs proportions. Les bas-côtés beaucoup trop exaucés, empêchent que les vi-
traux de la Nef ne répandent dans l'inté-
rieur un jour agréable : leur extrême hau-
teur rend encore inutile & même ridicule la
petite gallerie qui regne dans toute l'Eglise
au dessus des arcades de la Nef, parce qu'elle
ne sçauroit servir à placer qui que ce soit
pendant le Service. Les ornemens des faça-
des intérieures de la croisée y sont mis sans
choix & sans réflexion. Cependant quoique
ces défauts soient considérables, il y a des

beautés à remarquer. Les voûtes en font
bien travaillées, & ce qui eft affez rare
dans les Eglifes d'Architecture gothique,
le trait des arcades n'eft point à tiers-point
ou en croifées d'ogives, mais en ceintre
furbaiffé dont la forme eft beaucoup plus
agréable. Une beauté encore particuliere
à cette Eglife, eft celle des fix Autels de la
croifée, placés fur une même ligne, d'une
même forme, & d'une commodité unique
pour y affifter à la Meffe. On y voit encore
un très-beau maufolée & bien refpectable
au Public, c'eft celui de J. B. Colbert,
Miniftre fi renommé, & dont la mémoire
vivra éternellement dans le cœur des bons
citoyens. Il eft d'une beauté admirable dans
toutes fes parties, & du deffein du fameux
le Brun, dont le génie n'enfantoit rien
que d'excellent. On trouve encore dans
cette Eglife plufieurs fculptures modernes
d'une très-bonne main. L'on fera toujours
furpris que l'on ait été 110 années à conf-
truire cet édifice, & que dans ce long ef-
pace de tems, on n'ait pas eu celui d'en
achever le Portail ; mais cette imperfection
va bientôt tourner à fa gloire, puifqu'il
met dans la néceffité d'en élever un de bon
goût, feul moyen de compenfer par la
beauté extérieure de l'Eglife, fes défauts in-
térieurs, de mettre de la décence & de la

dignité dans l'entrée de la maison du Seigneur, & de changer en embelliſſement public, un aſſemblage monſtrueux de pierres, qui n'offroit à la vûe que le délabrement d'un édifice ruiné & à moitié démoli. Ce ſpectacle indécent eût été ſcandaleux aux yeux même d'un Idolâtre étonné de la magnificence extérieure des Hôtels des particuliers, & indigné de l'état affreux du frontiſpice du Temple où nous l'aurions aſſuré qu'habite le vrai Dieu ; il eût regardé cet abandon & cette négligence comme un outrage & un mépris public de la divinité à laquelle il eſt conſacré, par la comparaiſon de leurs temples, où les porches ornés de ſuperbes périſtiles, annonçoient de loin le reſpect qu'ils avoient pour leurs faux Dieux, par la magnificence des lieux où l'encens fumoit ſans ceſſe ſur leurs autels, & le ſang des victimes couloit en leur honneur.

Un particulier demeurant ſur cette Paroiſſe, s'eſt plaint hautement dans un écrit qu'il a donné au Public, d'une indifférence honteuſe à ſes concitoyens, ſur le rétabliſſement des édifices qui pourroient le plus contribuer à l'honneur & à la décoration de la Capitale, & ſurtout de la coupable négligence de ceux qui ſont prépoſés pour veiller à la décence de nos Temples, les images de la céleste Jerusalem, consacrées à l'adoration du Dieu véritable, & à lui rendre nos hommages & nos vœux.

Ces considérations ont réveillé le zéle des Administrateurs de la Fabrique de cette Paroisse, sur l'état déplorable du Portail de leur Eglise. Ils n'avoient point oublié les anciens engagemens auxquels ils sont liés avec leurs prédécesseurs, pour rendre compte aux Paroissiens de l'emploi d'un dépôt qui leur a été remis. Colbert, ce grand Ministre, si jaloux de l'embellissement de Paris, & en particulier de l'Eglise de sa Paroisse, dont il avoit été le premier Marguillier, après avoir orné son Autel d'une argenterie considérable, contribué à la grille du Chœur, fait décorer la Nef d'une belle Chaire, avoit eu intention de finir ses largesses par un beau Portail, comme la réparation la plus nécessaire & la plus honorable, & d'ajouter à sa générosité, le mérite de cacher la main d'où elle partoit. Dans l'acte de cette fondation faite au nom de quelqu'un qui lui avoit appartenu, il est dit : *Que la somme donnée lui avoit été mise ès mains par une personne de grande considération, qui n'avoit pas voulu être nommée, pour être ladite somme délivrée après son décès aux Sieurs Marguilliers, & pour être par eux ladite somme em-*

A iiij

ployée à la construction du Portail de ladite
Eglise, duquel a été fait un modéle, lorsqu'il
sera résolu & en état d'être exécuté, & cependant faire emploi du revenu pour en ac-
croître le fond.

Ce sont les termes de l'acte, auquel
les anciens Administrateurs ont accédé.

La lecture qui en fut faite échauffa le
zéle & la piété de M^rs les Marguilliers
d'aujourd'hui, ils penserent sérieusement
à remplir des engagemens dont l'inexécu-
tion faisoit souffrir leur reconnoissance envers un Ministre qui avoit bien voulu les
honorer de ses bienfaits, & se placer à leur
tête. Déterminés à mettre la main à l'œuvre, malgré la disproportion de leurs
moyens avec l'entreprise, la premiere chose à laquelle on pensa, ce fut au dessein
du Portail. On ne se flatta pas qu'il pût
être à l'abri de la critique, quoique tracé
par les mains des plus habiles Architectes.
Jamais siécle ne fut plus éclairé que le
nôtre sur les défauts des ouvrages qui pa-
roissent, ni plus prompt à les censurer, &
jamais il n'en parut si peu de réguliers &
qui puissent échapper aux traits de la critique. Quelques-uns proposerent la voye
du concours comme la plus propre à exci-
ter les génies, & à décider avec sureté ;
mais on prévit bientôt l'inutilité d'un

moyen fi avantageux en Italie pour la per-
fection des Arts , & fi inutile chez une na-
tion où l'envie , l'intérêt & la faveur déci-
dent ordinairement du choix.

La réuffite des projets rarement dûe au
hazard , par la néceffité d'une infinité de
combinaifons , a fait le fuccès de celui-ci
fans l'attendre. On apperçut une forme
d'ouvrage d'Architecture dans un galetas ,
enfévelie dans la pouffiere : on l'en tira ,
& l'on y vit le modéle d'un Portail. On fe
rappella en ce moment la tradition confer-
vée de l'intention de M. Colbert à ce fujet.
On relit l'Acte rapporté ci-deffus , où il
eft fait mention d'un modéle de Portail ,
& l'on ne doute point que celui-ci n'ait
été fait fous fes ordres , & par les plus habiles Architectes de fon tems. La décou-
verte publiée attire tous les curieux qui
fe partagent fur fes beautés & fes défauts ;
les beautés l'emportent , & tous convien-
nent qu'il offre au premier coup d'œil de
la grandeur , de la nobleffe & de la magnificence , mais que dans le détail il y a bien
des défauts à corriger , dont les principaux font jugés un effet néceffaire du ré-
treciffement de la façade par le biais de
la rue du Jour. Les Connoiffeurs veulent
en décider l'Auteur. Le fieur d'Orbai , Architecte logé fur la Paroiffe , le voit , l'app-

prouve, & prétend y voir le génie & la
maniere du feu sieur d'Orbai son grand
oncle, Architecte célébre. Pour s'en assu-
rer, il va feuilleter ses desseins dont il est
possesseur, & y trouve celui de ce modéle : cette piéce auroit jugé le procès, si
l'on n'eût objecté que cet homme illustre
étant éleve du sieur le Vau, premier Architecte du Roi, il pouvoit avoir été copié
sur ses desseins, ou en être l'original. Mais
cette décision étant inutile au sujet, il suf-
fit que ce modéle ait eu l'approbation du
plus grand nombre des Connoisseurs, pour
s'en tenir à sa forme, en tâchant d'en corriger les fautes les plus essentielles. Il aura
même un avantage sur ceux de nos Architectes vivans, c'est d'être beaucoup moins
exposé à la censure. La jalousie des Auteurs
envers leurs confreres, ne va gueres au-
delà du tombeau : à peine ont-ils les yeux
fermés qu'ils leur rendent la justice qui
leur est dûe, n'ayant plus à redouter leurs
productions.

On a commencé par démontrer les rai-
sons qui obligent à la construction de ce
Portail : on a fait voir ensuite celles du
choix de l'ancien modéle ; il ne reste plus
qu'à parler des moyens nécessaires pour
l'exécution de cette entreprise.

L'on en a proposé plusieurs dans les dé-

libérations faites à ce sujet. Après une infinité d'avis différens, celui-ci a paru le
plus aisé, & le moins susceptible d'incon-
véniens.

L'on suppose les habitans de cette Paroisse au nombre de soixante mille ; sui-
vant les supputations, ce calcul est juste à
peu de chose près. L'on en retranche d'a-
bord cinquante-deux mille, de la libéralité
desquels on ne compte gueres recevoir plus
d'une dixaine de sols par tête, les uns dans
les autres ; cette recette produiroit la somme de vingt-cinq mille livres, que l'on
réduit, crainte d'erreur, à celle de vingt.
Il reste donc huit mille personnes que l'on
estime assez aisées pour être en état de donner par an, l'une portant l'autre, un louis
d'or par tête sans s'incommoder, pendant
l'espace de dix années, ce qui produiroit
dix-neuf cens vingt mille livres, somme
fort au dessus de celle qui est nécessaire
pour la construction du Portail. Mais l'emploi auquel on a destiné le surplus, étant
au moins aussi utile aux Paroissiens, de-
viendra pour eux un nouveau motif plus
pressant encore pour répandre leurs libéra-
lités.

Le premier de ces emplois est pour con-
struire un lieu assez spacieux pour y placer
des tribunaux pour le Sacrement de Péni-

tence , & il n'y en a point encore dans
cette Eglise.

Ontre ce défaut qui est considérable , il
en est un autre d'une importance encore
plus grave. C'est un endroit propre à la
premiere instruction chrétienne de la jeunesse , je veux dire aux Catéchismes. Il est
d'une certitude démontrée que ces pre-
miers principes du Christianisme imprimés
de bonne heure dans le cœur , & en carac-
teres qui ne s'effacent jamais , sont le fon-
dement inébranlable de notre fermeté &
de notre attachement pendant toute la vie
aux grandes vérités de la Religion. La con-
duite des Protestans à cet égard devroit
nous faire rougir de notre indolence , puisqu'il n'en est presque point qui ne soit en
état à l'âge de douze ans , de disputer avec
nous , & de soutenir leurs erreurs par des
passages de l'Ecriture Sainte qui leur est fa-
miliere , mais dont ils corrompent le véritable sens. De quelle conséquence est-il
donc d'instruire avec le plus grand soin la
jeunesse Catholique , & de l'affermir dans
les dogmes de sa Foi ? Or pour enseigner
utilement , sans confusion & sans aucun
trouble qui puisse détourner l'attention ,
toujours prête à s'échapper , d'une multitude immense d'enfans dans une Paroisse
de soixante mille ames , n'est-il pas d'une

nécessité indispensable d'avoir des lieux spacieux & convenables à une si importante fonction ?

Le troisiéme besoin indispensable, c'est un logement pour la Communauté des Eccléfiastiques, celui d'aujourd'hui n'étant presque pas habitable par le défaut d'espace & des commodités les plus essentielles.

Le quattiéme emploi fera celui d'un Presbytere avec les dépendances qui en font inséparables, telle qu'une piéce décente pour les assemblées, soit des Dames de Charité, soit de plusieurs autres absolument nécessaires : différens Bureaux pour tenir en ordre les Regiftres des Baptêmes, des Mariages, des Enterremens, des aumônes, & une infinité d'autres, dont le détail seroit trop long.

On veut aussi former une Place devant l'Eglise, non-seulement convenable pour l'aspect du Portail, mais encore pour y contenir un grand nombre de carroffes sans intercepter la circulation, & pour éviter par là le bruit des embarras, & les querelles si indécentes aux portes de nos faints Temples.

On trouve tous les fonds suffisans pour ces acquisitions & ces conftructions, avec celle du Portail, dans la somme provenante d'un louis d'or, le fort portant le foible, donnée par an pendant dix ans par huit mille Paroissiens.

Voici l'objection la plus forte en apparence contre ce projet, à laquelle il est important de répondre. L'on ne manquera pas de dire qu'il seroit beaucoup plus à propos d'employer les deniers que l'on destine à la construction d'un Portail, d'un logement pour les Prêtres, &c. au soulagement des pauvres de la Paroisse.

L'on répondra en premier lieu, qu'il n'est pas permis aux économes de la Fabrique de disposer de la somme laissée par M. Colbert, ni de ce qu'elle a produit pour aucun autre emploi, quelque pieux qu'il puisse être, que pour celui auquel il l'a destiné.

En second lieu, que si la dépense du bâtiment de ce Portail pouvoit faire le moindre tort au soulagement des pauvres de la Paroisse, M. le Curé s'y seroit opposé de toutes ses forces, & n'auroit voulu écouter aucune proposition. Le zéle de ce charitable Pasteur à ce sujet est assez connu, & il a toujours regardé l'assistance de ses ouailles indigentes, comme un de ses principaux devoirs & des plus importans. Il n'est pénétré d'aucune douleur plus vive que de celle de se trouver quelquefois dans l'impuissance de satisfaire sa tendresse de

ſere pour ſes Paroiſſiens qui ſont dans
un vrai beſoin ; & loin de penſer à retran-
cher ſes reſſources pour adoucir leur état ,
il n'eſt rien au monde qu'il ne fît pour les
augmenter.

On doit obſerver en troiſiéme lieu, qu'il
ne faut mettre au nombre des pauvres ab-
ſolument néceſſiteux & vraiment pauvres ,
que les vieillards & les malades ; qu'à l'é-
gard de ceux qui ſont en état de travail-
ler, cette dépenſe-ci bien loin de leur nui-
re, eſt toute à leur avantage. Si c'eſt une
charité mal ordonnée & même blâmable
que celle qui entretient la pareſſe & l'oiſi-
veté dans ceux qu'elle diſpenſe du travail ,
& qui les rend onéreux aux particuliers &
inutiles à l'Etat , combien eſt louable une
dépenſe qui procure les moyens de vivre
honnêtement à un nombre conſidérable
d'ouvriers, & de ſatisfaire leurs beſoins les
plus preſſans. Tels ſont ceux qui travaillent
dans les carrieres pour en tirer la pierre ,
ceux qui la voiturent , d'autres qui la tail-
lent , les manœuvres, les maçons , leurs
aides , enfin une infinité de gens de jour-
née employés dans la conſtruction d'un
grand bâtiment : il eſt donc certain que
c'eſt ſecourir les miſérables que de les mettre en œuvre ; mais avec cette condition
eſſentielle, *que le luxe & la vanité ne ſoient*

point l'objet de leur travail, car alors cette dépense non-seulement n'est point une aumône, mais elle est plutôt à condamner par le vice du motif où la charité n'a aucune part.

L'on a lieu d'espérer que la prodigieuse libéralité des Paroissiens de S. Sulpice envers leur défunt Curé, pour toutes les décorations de son Eglise, ne sera point un exemple inutile pour ceux de cette Paroisse, & qu'il en déterminera un grand nombre à aider leur Pasteur dans cette entreprise. On compte uniquement sur les largesses gratuites & entierement libres & volontaires de la part des habitans, qui ne seront importunés ni par des quêtes pressantes, ni fatigués par des sollicitations. Enfin l'on veut devoir à la pure générosité des bienfaicteurs, l'entiere exécution de cette pieuse & nécessaire entreprise.

Si la Paroisse de S. Eustache ne posséde pas un nombre aussi considérable de magnifiques Hôtels que celle de S. Sulpice, si elle ne compte pas parmi ses habitans une égale multitude de grands Seigneurs, le modeste Pasteur qui en est le chef, a le bonheur d'avoir en récompense un très-grand nombre de maisons chrétiennes, dont l'extérieur est sans faste & sans éclat; mais dans lesquelles l'amour de la Religion

& de la pratique de ses devoirs habitent
avec la paix. C'est dans ces humbles de-
meures que M. le Curé espere de trouver
d'abondantes ressources. N'en a-t'il pas encore dans la piété des personnes d'un sang
auguste & respectable, dont il a déja éprou-
vé les magnifiques largesses : plusieurs particuliers que l'opulence n'a point endurcis,
auprès de qui les malheureux trouvent toujours un accès facile, viendront aussi à son
secours : ils prefereront l'honneur d'orner
le temple du Très-haut, à celui d'embellir
par un luxe excessif leurs propres demeu-
res. Ces riches vraiment Chrétiens , &
bien plus heureux par l'emploi de leurs ri-
chesses que par leur abondance, venant ensuite dans cette Eglise y faire leur priere,
& se prosterner aux pieds du Souverain
Maître de l'univers, auront le droit de lui
dire avec David, & pleins de la même
confiance : *Seigneur , j'ai aimé la beauté &*
l'ornement de votre maison , j'ai chéri la gloire
du lieu que vous habitez : ils pourront ajouter, *la décence de votre demeure m'a été plus*
agréable que l'embellissement de ces Palais éle-
vés par la vanité : que la médiocre privation
des biens que je vous ai sacrifié pour la perfec-
tion de votre Temple , puisse expier les aises &
les commodités auxquelles je me suis livré sans
scrupule. Oui, Seigneur , non-seulement les pier-

rés vivantes , les Chrétiens nos freres que j'ai soulagés de mes biens , mais encore les pierres matérielles d'un temple élevé en votre honneur & à la construction duquel j'ai contribué ; ces pierres , dis-je , criront au dernier jour en ma faveur , ce seront des témoins qui éléveront leur voix pour solliciter vos miséricordes , sur lesquelles je fonde toute l'espérance de mon salut.

Vous serez peut-être bien aise , mon cher Monsieur , de sçavoir le nom de l'Architecte chargé de l'exécution de cet Ouvrage. Il se nomme M. Mansart de Joüi , il demeure sur la Paroisse , & il est l'Architecte de la Fabrique. Il est très-connu par sa réputation d'habileté dans son art , & encore plus estimé par celle d'une probité parfaite , qualité aujourd'hui si rare. Il vient de donner à cette occasion-ci une preuve admirable de son désintéressement , en déclarant d'avance qu'il ne vouloit d'autre récompense de ses travaux que l'honneur d'employer ses talens à une œuvre aussi excellente. Qu'il est beau , Monsieur , de trouver encore des sentimens si grands & si chrétiens pour la Religion dont ce généreux Paroissien remplit tous les devoirs , & de zéle pour la maison du Seigneur , qui lui font sacrifier un honoraire considérable & si légitimement acquis , à la satisfaction

consolante d'employer *gratis* son talent pour
la décence & la majesté du temple du vrai
Dieu ! Son nom sera mis avec justice dans
le Regiſtre particulier fait à cette occaſion-
ci, & conſervé dans les Archives de cette
Paroiſſe, où ſeront inſcrits très-ſoigneuſe-
ment les noms & les qualités de tous les
bienfaicteurs & bienfaictrices, pour avoir
part éternellement à toutes les bonnes œu-
vres, & aux prieres de tous les Paroiſſiens
préſens & à venir, & ſur-tout dans le ſaint
Sacrifice de la Meſſe.

Votre piété, Monſieur, m'étant connuë
depui long-tems, j'eſpere que vous me
pardonnerez la longueur du détail que je
viens de vous faire, & que je n'aurois jamais hazardé d'écrire à tout autre qu'à
vous. Loin de m'en ſçavoir mauvais gré,
je ſuis perſuadé d'avance de vos ſentimens
de reconnoiſſance à mon égard, pour vous
avoir informé d'un ſi digne projet, &
avoir donné lieu à votre libéralité de s'employer pour la parfaite conſtruction de votre ancienne Paroiſſe. Vous n'aurez point
oublié une Egliſe qui vous doit être toujours bien chere, quelque lieu que vous
habitiez, puiſque c'eſt chez elle que vous
avez reçu une ſeconde naiſſance d'un prix
ineſtimable, & bien au deſſus de la premiere, par le droit que vous y avez acquis à

un bonheur éternel , dans le bain des fain-
tes eaux , teintes du sang de Jesus-Chrift.
L'intérêt que je prends au bâtiment de ce
Portail , & aux autres fi néceffaires au bien
de la Paroiffe , m'oblige à vous prier de me
dire au plutôt votre fentiment fur tout ce
que je vous ai mandé.

J'ai l'honneur d'être , &c.

Vû l'Approbation , permis d'imprimer , à la
charge d'enregiftrement à la Chambre Syndicale.
Ce 10 Septembre 1753.

BERRYER.

*Regiftré fur le Livre de la Communauté des Li-
braires & Imprimeurs de Paris , N°. 3598 : con-
formément aux Réglemens & notamment à l'Arrêt
du Conseil du 10 Juillet 1745. A Paris , le 27
Septembre 1753.*

DIDOT, Syndic.

De l'Imprimerie de J. BULLOT, rue Saint-
Etienne-des-Grès. 1753.